职业教育课程改革规划新教材

# 图像处理

## 与影视制作一本通

倪 彤 葛冬云 张建强 编 著

机械工业出版社

本书以当前主流的图形图像处理软件 Adobe Photoshop CC（以下简称 PS）和数字影音编辑制作软件 Adobe Premiere Pro CC（以下简称 PR）为载体进行介绍，所选内容具有很强的针对性和实战性，且配套学习资源丰富。为了让读者更好地使用本书，在主要的知识点和环节还设置了微课视频，使大家能够换一种方式学习，扫码看微课，轻松得技能，真正实现图像处理与影视制作"一本通"。

本书适合作为职业院校计算机及平面设计相关专业的教材，也可作为图形图像及影视制作爱好者的自学用书。

**图书在版编目（CIP）数据**

图像处理与影视制作一本通 / 倪彤，葛冬云，张建强编著. — 北京：机械工业出版社，2019.5（2023.1重印）
职业教育课程改革规划新教材
ISBN 978-7-111-62739-5

Ⅰ.①图… Ⅱ.①倪… ②葛… ③张… Ⅲ.①图像处理软件 – 中等专业学校 – 教材②视频编辑软件 – 中等专业学校 – 教材 Ⅳ.①TP391.413②TP317.53

中国版本图书馆CIP数据核字（2019）第091439号

机械工业出版社（北京市百万庄大街22号　邮政编码100037）
策划编辑：赵红梅　　　　　　　责任编辑：赵红梅　张继光
责任校对：郑　婕　张　薇　封面设计：马精明
责任印制：孙　炜
北京中科印刷有限公司印刷
2023年1月第1版第2次印刷
184mm × 260mm · 8.5印张 · 229千字
标准书号：ISBN 978-7-111-62739-5
定价：37.00元

电话服务　　　　　　　　　　　网络服务
客服电话：010-88361066　　　机　工　官　网：www.cmpbook.com
　　　　　010-88379833　　　机　工　官　博：weibo.com/cmp1952
　　　　　010-68326294　　　金　书　网：www.golden-book.com
**封面无防伪标均为盗版**　　　机工教育服务网：www.cmpedu.com

# 前　言

我们正处在"互联网+"时代，图像、影像的记录已渗透到了人们工作和生活的方方面面。人们早已不满足纯静态的文本和图片呈现及记录的模式，而更乐于接受"图文声并茂、影像动画缤纷"的内容。

人们通过手机、数码相机、平板电脑和笔记本电脑等数码设备获取图片、音频和视频等各类素材，并对这些素材进行合理的加工处理，使之满足工作和生活的需要。但目前图形图像处理、影视后期制作软件林林总总，让一些非专业人员在选择图像处理、影视后期制作软件时往往无所适从，太深了学不会，太浅了不够用……

为此，我们编写了本书，旨在帮助喜爱图像处理、影视后期制作人员用最短的时间和最便利的方法掌握从简单的数码相片修复到复杂的虚拟演播室制作的技法和技巧。本书在实操性比较强的知识点和环节，都制作了微课视频以辅助学习，让读者体验移动互联时代的多媒体学习模式。读者可以用手机扫描书中二维码进行学习，也可登录www.cmpedu.com进行注册，下载本书配套素材、电子课件等学习资源。

全书由倪彤教授统稿并总体制作数字资源，第1、2章由葛冬云编写，第3章由张建强编写，第4章由倪彤教授编写。

由于编著者水平有限，书中不妥之处在所难免，恳请广大读者批评指正并提出宝贵意见。

编著者

# 目　录

# 第1章

## 软件安装

　　Adobe Photoshop CC（CC 是 Creative Cloud 的 缩 写 ）是一款世界级的图形图像处理及平面设计软件，Adobe Premiere Pro CC 则是一款世界级的非线性视频编辑软件，两款软件可运行于 Windows、Mac OS 平台，本章主要以两款软件 CC 2018 版本为例进行介绍。

【学习目标】

　　1. Adobe Photoshop CC（后简称 PS）软件的安装及注册；

　　2. PS 文件的打开及保存方法；

　　3. Adobe Premiere Pro CC （后简称 PR）软件的安装及注册；

　　4. PR 文件的打开及导出方法。

# 第1节
## PS 软件安装及保存

| 步　　骤 | 图　　示 |
|---|---|
| （1）双击 PS 安装目录中的"Set-up.exe"文件，开始 PS 应用程序的安装。 | 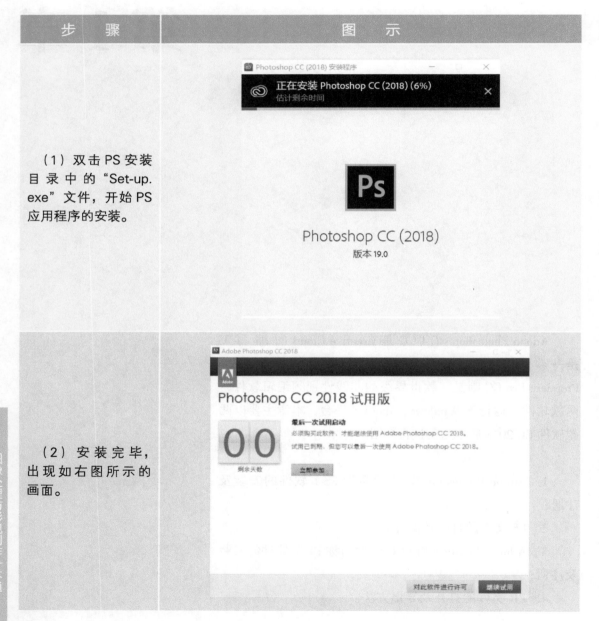 |
| （2）安装完毕，出现如右图所示的画面。 | |

| 步　骤 | 图　示 |
|---|---|
| （3）双击桌面上的 PS 图标，打开相应的应用程序，设置好"新建文档"下的宽度、高度和分辨率等参数，再单击"创建"按钮，进入 PS 编辑状态。 |  |
| （4）对新建或已打开的文档进行适当的编辑，再单击"文件"菜单中的"存储"或"存储为"命令，可将文档存储为 PSD（源文件）、JPG 等多种格式的图形图像文件。 | Photoshop (*.PSD;*.PDD;*.PSDT)<br>大型文档格式 (*.PSB)<br>BMP (*.BMP;*.RLE;*.DIB)<br>CompuServe GIF (*.GIF)<br>Dicom (*.DCM;*.DC3;*.DIC)<br>Photoshop EPS (*.EPS)<br>Photoshop DCS 1.0 (*.EPS)<br>Photoshop DCS 2.0 (*.EPS)<br>IFF 格式 (*.IFF;*.TDI)<br>JPEG (*.JPG;*.JPEG;*.JPE)<br>JPEG 2000 (*.JPF;*.JPX;*.JP2;*.J2C;*.J2K;*.JPC)<br>JPEG 立体 (*.JPS)<br>PCX (*.PCX)<br>Photoshop PDF (*.PDF;*.PDP)<br>Photoshop Raw (*.RAW)<br>Pixar (*.PXR)<br>PNG (*.PNG;*.PNG)<br>Portable Bit Map (*.PBM;*.PGM;*.PPM;*.PNM;*.PFM;*.PAM)<br>Scitex CT (*.SCT)<br>Targa (*.TGA;*.VDA;*.ICB;*.VST)<br>TIFF (*.TIF;*.TIFF)<br>多图片格式 (*.MPO) |

# 第 2 节
## PR 软件安装及导出

| 步　　骤 | 图　　示 |
| --- | --- |
| （1）双击 PR 安装目录中的"Set-up.exe"文件，开始 PR 应用程序的安装。 | 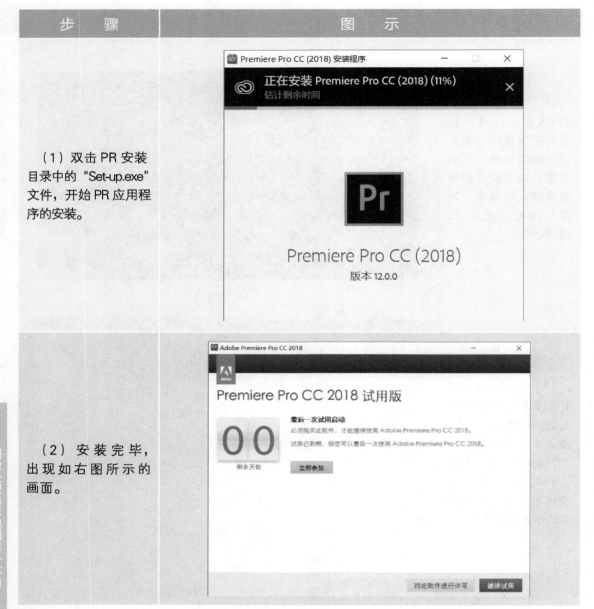 |
| （2）安装完毕，出现如右图所示的画面。 | |

（3）双击桌面上的PR图标，打开相应的应用程序，单击"新建项目"按钮，在弹出的"新建项目"对话框中设置好项目名称等参数，再单击"确定"按钮，进入PR编辑状态。

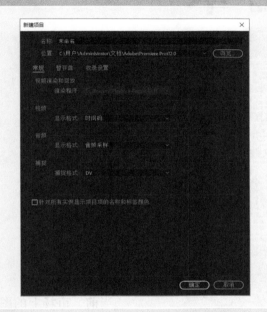

（4）对新建或打开的项目文档进行适当的编辑，再单击"文件"菜单中的"导出"（快捷键为Ctrl+M）命令，可将项目文档导出成MP4等多种格式的视频文件。

# 第2章

## 简单图像处理

当前，市场上的图像处理软件很多，简单且容易上手的图像处理软件有：ACDSee、光影魔术手和美图秀秀等，而专业且功能强大的图像处理软件当数 Adobe Photoshop。图像处理可分为静态图像处理和动态图像处理，本章讲述用 Adobe Photoshop CC 2018 版进行静态图像处理的方法。

【学习目标】

1. PS 设置规格；
2. PS 必备技能；
3. PS 工具箱；
4. PS 图层；
5. PS 滤镜。

# 第1节
## PS 新建文档

| 步　　骤 | 图　　示 |
| --- | --- |
| （1）启动 PS，打开"新建文档"对话框，选定其中预设的某一个模板，即可进入 PS 的编辑状态。 |  |
| （2）新建文档的另一种方法：在 PS 中打开一个图片文件或将某一个图片拖至 PS 画布之外的区域，即可以该图片的尺寸大小创建一个新的文档。 |  |

# 第 2 节
## PS 设置规格

| 步　　骤 | 图　　示 |
|---|---|
| （1）对 PS 视图画面进行放大、缩小对应的工具是"缩放工具"，也可用快捷方式进行操作：<br>Alt+鼠标滚轮：放大/缩小；<br>空格键+鼠标左键：移动画布；<br>Ctrl+ +/-：放大/缩小；<br>Ctrl+0/Ctrl+1：满画布显示/实际大小。 |  |
| （2）要改变图像的尺寸大小和分辨率等参数，则要用到"图像"菜单中的"图像大小"功能（注：UI 或网页设计的分辨率通常是 72 像素/英寸，颜色模式是 RGB）。 |  |
| （3）工作区"复位"操作：执行"窗口"菜单中的"工作区→复位基本功能"命令，可将 PS 的工作界面还原至"默认"状态。 |  |

# 第3节
# PS 必备技能

| 步 骤 | 图 示 |
|---|---|
| （1）PS 常用的快捷键：<br>Ctrl+J：复制图层；<br>Ctrl+Del：填充背景色；<br>Ctrl+R：显示标尺；<br>Ctrl+H：隐藏参考线；<br>Ctrl+T：自由变换；<br>Ctrl+D：取消选区；<br>Ctrl+Enter：路径转换为选区；<br>Alt+鼠标右键：调整笔头大小；<br>X：交换前景色、背景色。 | 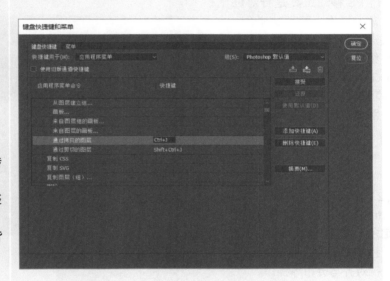 |
| （2）工作区：PS 对应不同的编辑需要，其工具箱和功能面板的组成和位置也不相同，如 3D、图形和 Web、动感等。默认的是"基本功能"工作区。 |  |

# 第4节
## PS 移动工具

| 步　　骤 | 图　　示 |
|---|---|
| （1）PS 移动工具是针对位图对象的操作，即可以对单一图层进行移动，也可对由多个图层组成的组进行移动。若将移动工具属性栏上的"自动选择"项选中，可以方便地选定任一图层，进行移动操作。 | 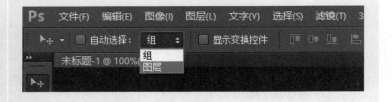 |
| （2）使用移动工具并同时按住 Ctrl 键或 Shift 键，可同时选定多个图层，然后可在"属性"栏中对若干个图层上的对象进行对齐与分布等操作。 | 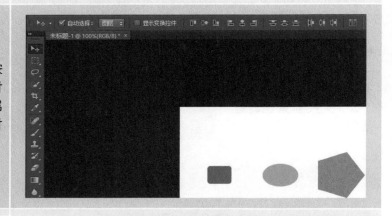 |
| （3）在 3D 图层中，可设定移动工具的"属性"栏，对选定的对象进行旋转、缩放和移动等操作。 | 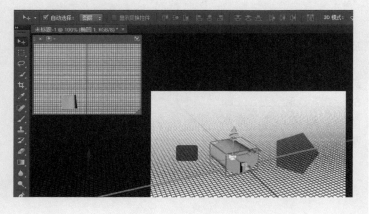 |

# 第5节
## PS 图层

| 步　　骤 | 图　　示 |
| --- | --- |
| （1）分层设计是平面设计的一个基本准则。以右图所示扑克牌为例，来认识图层的叠放顺序，每个图层都只放一张扑克牌。 |  |
| （2）使用移动工具或快捷键 Ctrl+、，可调整图层的排列顺序。按红桃、黑桃、梅花、方块的顺序，自上而下排列图层，可见红桃 K 位于最上层，方块 A 位于最下层，重合部分都将被上一层所遮挡。 | 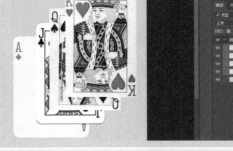 |
| （3）按方块 A、梅花 J、黑桃 Q、红桃 K 的顺序自上而下排列图层，可见方块 A 位于最上层、红桃 K 位于最下层，重合部分也都被上一层所遮挡。 |  |
| （4）此外，图层还具有不透明度、蒙版、样式和混合模式等属性。 | 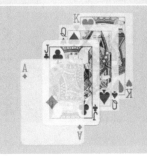 |

# 第6节
## 污点修复

| 步　骤 | 图　示 |
|---|---|
| （1）在 PS 中打开如右图所示的图片，拟对图片中的喷水装置进行去除。 |  |
| （2）选择工具箱中的"污点修复画笔工具"，按住 Alt+ 鼠标右键，调整笔头大小。 | 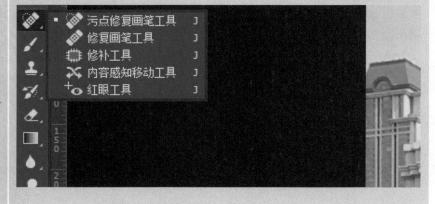 |

| 步　骤 | 图　示 |
|---|---|

（3）按住鼠标左键不放，在喷水装置所在的区域上涂抹，即可去除掉画面上的喷水装置。

（4）去除画面上喷水装置的另一种方法：在要修复的区域建立选区，再按快捷键Shift+F5，打开"填充"对话框，选择"内容识别"项即可。

# 第7节
## 去除水印

| 步 骤 | 图 示 |
|---|---|
| （1）在 PS 中打开如右图所示的图片，拟对画面中的文字水印和上方飞机进行去除。 |  |
| （2）在文字水印上建立矩形选区，再按快捷键 Shift+F5，打开"填充"对话框，选择"内容识别"项即可。 |  |

| 步　　骤 | 图　　示 |
|---|---|
| （3）去除文字水印后的效果。 |  |
| （4）使用套索工具在上方飞机处建立一个不规则选区，再按快捷键 Shift+F5，打开"填充"对话框，选择"内容识别"项。 |  |
| （5）去除上方飞机后的效果。 |  |

# 第8节
## 透视裁剪

| 步　骤 | 图　示 |
|---|---|
| （1）在 PS 中打开如右图所示的图片，拟对画面中岸边的斜线光带进行拉直。 |  |
| （2）选择工具箱中的"裁剪工具"，然后单击属性栏中的"拉直"按钮，沿着斜线光带拉出一条直线，即可对图像进行拉直处理。 |

 |

| 步　骤 | 图　示 |
|---|---|
| （3）在 PS 中打开如右图所示的图片，拟对包装盒图片进行透视裁剪，以校正画面的扭曲。 |  |
| （4）选择工具箱中的"透视裁剪工具"，在包装盒的正面建立透视选区，从而完成画面的扭曲校正。 |  |

# 第9节
## 平面倒影

| 步　骤 | 图　示 |
| --- | --- |
| （1）在 PS 中新建一个文档，再用"渐变工具"做线性渐变填充，作为背景。 | 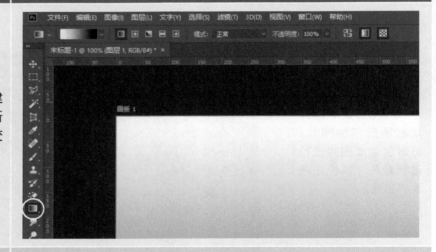 |
| （2）在当前文档中添加一个酒瓶图层，然后对其进行"去背"处理。 |  |

| 步 骤 | 图 示 |
|---|---|

（3）复制酒瓶所在的图层，按快捷键 Ctrl+T 进行自由变换，再单击鼠标右键，进行"垂直翻转"。

（4）调整酒瓶倒影所在图层的不透明度以完成酒瓶平面倒影的制作。

# 第 10 节
## 促销图标

| 步　骤 | 图　示 |
| --- | --- |
| （1）在 PS 中打开一幅如右图所示的时装模特图片，准备在图片上添加促销的文字信息。 |  |
| （2）单击工具箱上的"多边形工具"，在属性栏上设定：星形、边数为 20、缩进边依据为 23%，然后在图片上绘制出一个多边星形。 | 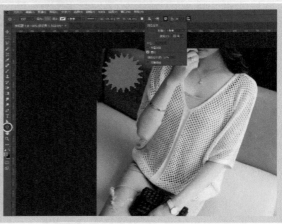 |
| （3）使用"横排文字工具"，在多边星形上输入产品促销文字，完成后最终的效果如右图所示。 |  |

# 第 11 节
## 素材融合

| 步　骤 | 图　示 |
| --- | --- |
| （1）在 PS 中新建一个文档，并在其中置入两张图片，上层为牦牛，下层为草原。 |  |
| （2）单击工具箱上的"画笔工具"，在属性栏上设定：<br>大小：58 像素；<br>硬度：0%；<br>不透明度：30%。 | 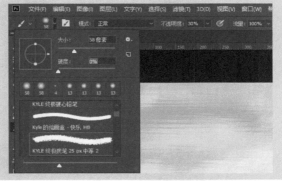 |
| （3）在牦牛所在的图层上添加"图层蒙版"，设置前景色为黑色，用画笔在牦牛的轮廓及陆地上涂抹，逐渐显示下方的草原。 |  |
| （4）完成两张素材图片的最终融合后效果如右图所示。 |  |

批处理

| 步　　骤 | 图　　示 |
|---|---|
| （1）在 PS 中打开如右图所示的图片。 |  |
| （2）执行"窗口"菜单项下的"动作"命令，打开相应的功能面板。再创建一个新动作，开始"动作"录制。 |  |

（3）执行"图像"菜单项下的"图像大小"命令，打开"图像大小"对话框，将尺寸调整为：1280×720 像素，再将此文件存储到"缩放后"的文件夹中。停止"动作"录制。

（4）在 PS 中继续打开一批图片，单击"动作"面板上"播放选定的动作"按钮，即可将这一批图片都裁切成指定的宽度并存储于同一个指定文件夹中。

# 第 13 节
## 季节变换

| 步　骤 | 图　示 |
| --- | --- |
| （1）在 PS 中打开一幅如右图所示的春天的图片。 |  |
| （2）使用快捷键 Ctrl+J，复制一层，再执行"图像"菜单中的"调整→阈值"命令。 |  |

| 步　骤 | 图　示 |
|---|---|
| （3）建立图层蒙版，使用"渐变工具"做黑白线性渐变。 |  |
| （4）最终图片如右图所示，完成了从春季到冬季的渐变。 | |

| 步　骤 | 图　示 |
|---|---|
| （1）在 PS 中打开如右图所示的雪景图片。 |  |
| （2）新建一层，填充黑色，执行"滤镜"菜单中的"杂色→添加杂色"命令，数量设置为30% 左右。 |  |

| 步　骤 | 图　示 |
|---|---|
| （3）执行"滤镜"菜单中的"模糊→高斯模糊"命令，半径设置为2.9像素。 |  |
| （4）使用快捷键Ctrl+L，打开"色阶"命令对话框，调整输入色阶。 |  |
| （5）更改图层的混合模式为"滤色"，完成雪花飞舞的效果制作。 |  |

# 第15节
## 照片上色

| 步　　骤 | 图　　示 |
| --- | --- |
| （1）在 PS 中打开一幅如右图所示的待上色的灰度图片。 |  |
| （2）新建 4 个图层，将图层的混合模式均设置为"颜色"；分别设置前景色：<br>　蓝：眼睛；<br>　洋红：纱巾；<br>　红：嘴唇；<br>　肉色：皮肤。<br>在各个图层上用画笔仔细地画出相应的部分，即可完成对黑白图片的上色。 | <br> |

# 第 16 节
## 旧照片修复

| 步　骤 | 图　示 |
|---|---|
| （1）在 PS 中打开一幅如右图所示的待修复的老照片。 | |
| （2）执行"图像"菜单中的"调整→去色"命令，去除灰度之外的其他颜色。 | |
| （3）单击工具箱上的"修复画笔工具"，按住 Alt 键在原画面中取样，然后对要修复的目标区域进行涂抹，即可完成白斑、划痕等缺陷的修复。 | |

# 第 17 节
## 透明浮雕

| 步　　骤 | 图　　示 |
|---|---|
| （1）在 PS 中打开一幅如右图所示的图片，作为透明字的背景。 |  |
| （2）单击工具箱上的"横排文字工具"，输入文本"迎着朝阳"。 |  |

| 步　　骤 | 图　　示 |
|---|---|
| （3）执行"滤镜"菜单中的"风格化→浮雕效果"命令，打开相应的对话框，调整角度、高度和数量三个参数。 |  |
| （4）更改图层的混合模式为"点光"，并将图层的不透明度设置为78%，完成制作。 |  |

# 第 18 节
## 铅笔画

铅笔画

| 步 骤 | 图 示 |
|---|---|
| （1）在 PS 中打开一幅如右图所示的人物数码照片。 |  |
| （2）执行"图像"菜单中的"调整→黑白→自动"命令，去掉彩色，获得灰度图片。 |  |

| 步　骤 | 图　示 |
|---|---|
| （3）复制图层，执行"图像"菜单中的"调整→反相"命令，得到图片的负片效果。 | 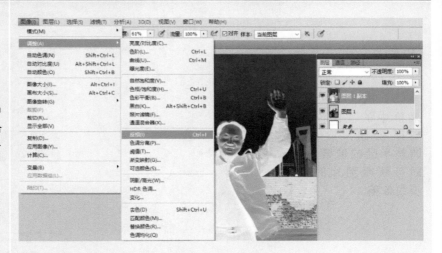 |
| （4）将图层混合模式设置为"颜色减淡"，出现一片白的效果。 |  |

| 步　骤 | 图　示 |
|---|---|
| （5）执行"滤镜"菜单中的"模糊→高斯模糊"命令，调整半径的像素值，即可获得图片的初步线条稿。 | 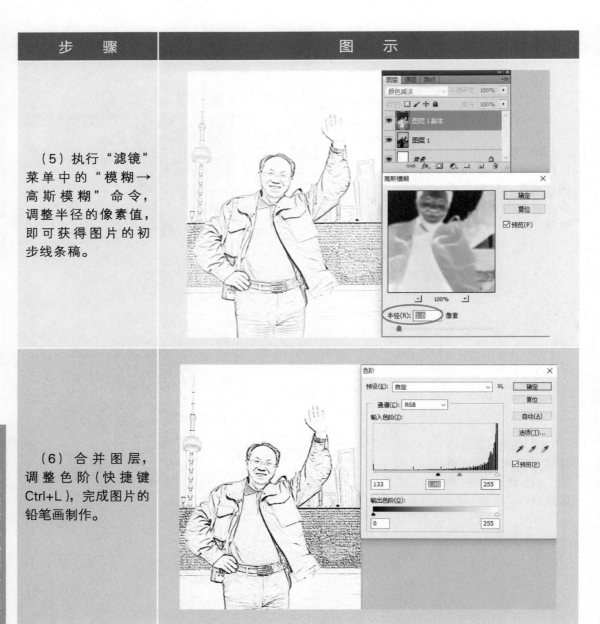 |
| （6）合并图层，调整色阶（快捷键Ctrl+L），完成图片的铅笔画制作。 | |

图像处理与影视制作一本通

# 第 19 节
## 波尔卡点

波尔卡点

| 步　骤 | 图　示 |
|---|---|
| （1）在 PS 中新建一个图像文件，以纯黄橙色填充。单击"画笔工具"，用大小不同的笔触及前景色在画布上随意画几笔。 |  |
| （2）执行"滤镜"菜单中的"模糊→径向模糊"命令。设置中心点在左下角，并设置相应的数量值。 |  |
| （3）置入一幅已"去背景"的人像图片并将其选定。 |  |

| 步　骤 | 图　示 |
|---|---|
| （4）单击"通道"标签，单击"将选区存储为通道"按钮，得到一个 Alpha 通道。按快捷键 Ctrl+D 取消选区。 | 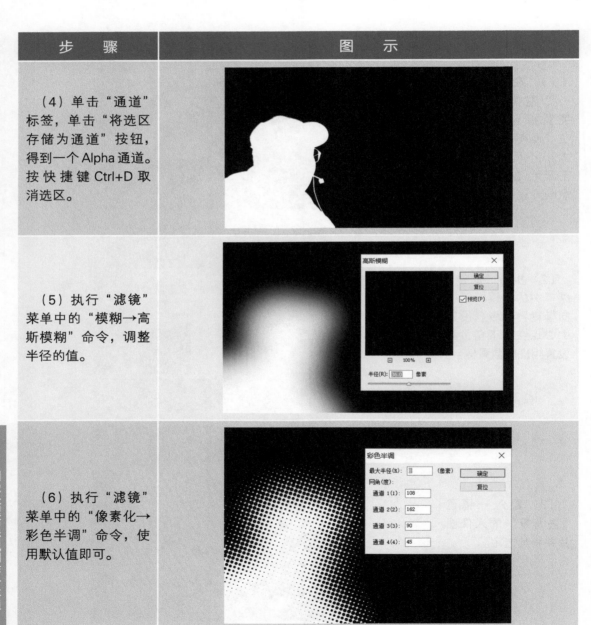 |
| （5）执行"滤镜"菜单中的"模糊→高斯模糊"命令，调整半径的值。 | |
| （6）执行"滤镜"菜单中的"像素化→彩色半调"命令，使用默认值即可。 | |

| 步 骤 | 图 示 |
|---|---|
| （7）单击"通道"标签，单击"将通道作为选区载入"按钮。返回"图层"，新建一层，填充白色。按快捷键 Ctrl+D 取消选区。 | 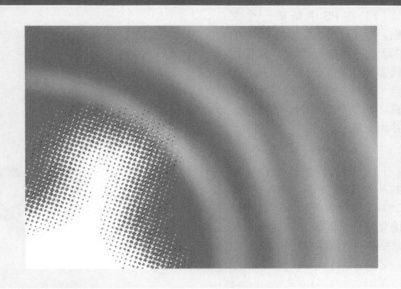 |
| （8）将白色背景图层放置在最后，完成效果制作。 |  |

# 第 20 节
## LOGO 制作

| 步　骤 | 图　示 |
|---|---|
| （1）在 PS 中新建一个文档，执行"视图"菜单中的"显示→网格"命令，再使用椭圆选框及矩形选框工具，配合"属性"栏上的选区加减运算，绘制如右图所示的选区，并填充红色。 | |
| （2）按快捷键 Ctrl+J 复制一个图层备用。按快捷键 Ctrl+T 将对象旋转 45°，再镜像复制一个对象，将这两个对象所在的图层合并。 | |
| （3）按快捷键 Ctrl+J 复制一层。按快捷键 Ctrl+T 进行自由变换，再单击鼠标右键，进行"垂直翻转"。 | |
| （4）选中备用的图层，按快捷键 Ctrl+T 旋转 45°，然后再镜像复制一个。 | |

图像处理与影视制作一本通

| 步 骤 | 图 示 |
|---|---|
| （5）在当前图上选中下一层，按快捷键 Ctrl+Shift+I 进行"反选"，用橡皮擦擦除多余的部分。 | 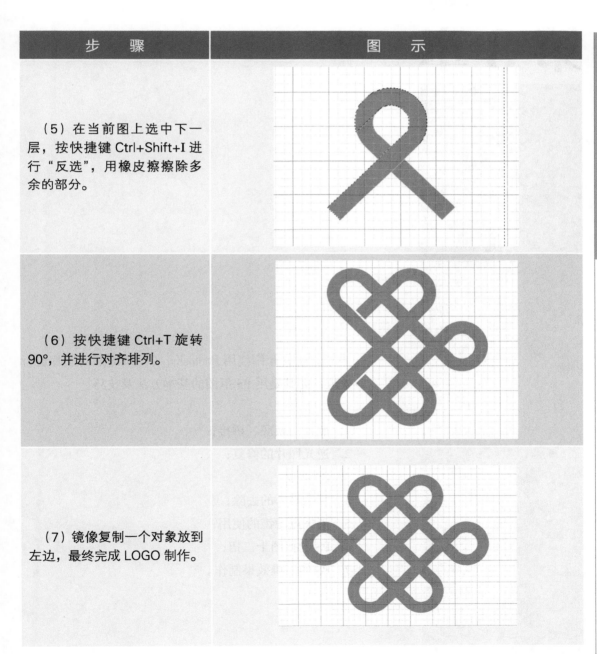 |
| （6）按快捷键 Ctrl+T 旋转90°，并进行对齐排列。 | |
| （7）镜像复制一个对象放到左边，最终完成 LOGO 制作。 | |

# 第 3 章

## 专业图像处理

本章，主要介绍使用 Photoshop CC 2018 版对图片进行专业处理，尤其是用 PS 抠图的基本方法及技巧。

【学习目标】

1. 照片的换底、拼接；

2. 逆光照片的修复；

3. PS 磨皮；

4. 复杂水印的去除；

5. 消失点滤镜的使用；

6. PS 的抠图十三招；

7. PS 的三维效果制作。

# 第 1 节
## 照片换底三例

| 步　　骤 | 图　　示 |
| --- | --- |
| （1）在 PS 中打开一幅如右图所示的待换底的图片，双击背景层，将其转换为普通图层。 | |
| （2）单击工具箱上的"魔棒工具"，将其属性栏上的"容差"值调整为 100，然后在人像的空白区单击以建立选区。 | |
| （3）按快捷键 Ctrl+U，打开"色相/饱和度"对话框，调整色相的值，完成换底操作。 | |

第3章　专业图像处理

41

| 步　骤 | 图　示 |
|---|---|
| （4）在 PS 中打开一幅如右图所示的待换底图片，双击背景层，将其转换为普通图层。 |  |
| （5）创建一个"色相/饱和度"调整图层，单击第二行的"抓手"按钮，鼠标指针将变成吸管状。 | 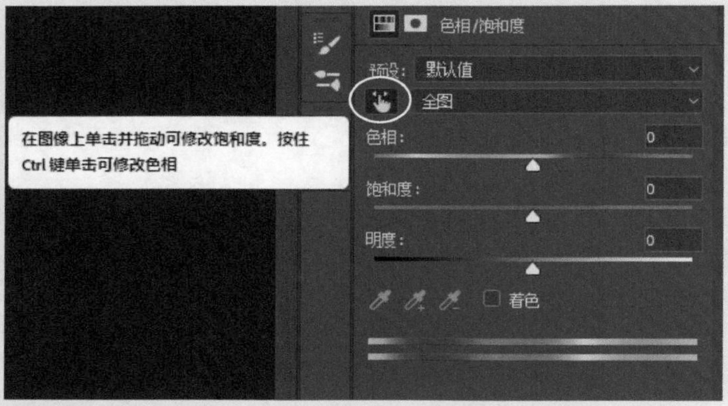 在图像上单击并拖动可修改饱和度。按住 Ctrl 键单击可修改色相 |
| （6）单击衬衫的某一处，然后即可在调整图层对衬衫底色做相应的改变。 |  |

图像处理与影视制作一本通

| 步　骤 | 图　示 |
|---|---|
| （7）在 PS 中打开最后一幅如右图所示的待换底图片，双击背景层，将其转换为普通图层。 |  |
| （8）创建一个"曲线"调整图层，单击"设置白场"按钮，鼠标指针变成吸管状。 | 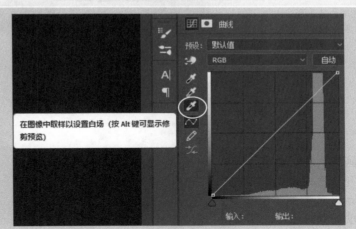 |
| （9）单击灰色背景的某一处，即可将灰色改变为白色。 |  |

# 第 2 节
## 证件照拼接

证件照拼接

| 步 骤 | 图 示 |
|---|---|
| （1）在 PS 中打开一幅如右图所示的证件照片，双击背景层，将其转换为普通图层。 |  |
| （2）执行"图像→画布大小"命令，打开"画布大小"对话框；选中"相对"项，输入宽度、高度的值均为 0.4 厘米，使画布宽和高均向外扩展 0.4 厘米，得到照片加白边的效果。 |  |

| 步　骤 | 图　示 |
|---|---|
| （3）按快捷键 Ctrl+A 全选照片，再执行"编辑→定义图案"命令，将证件照定义成一个图案。 |  |
| （4）在 PS 中新建一个文档，在"图像大小"对话框中输入宽度、高度和分辨率的值分别为：17.25 厘米、22.54 厘米和 72 像素/英寸，准备制作 9 联 1 寸证件照。 | 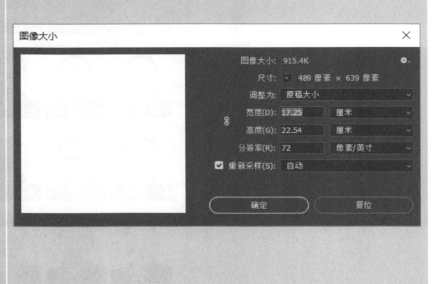 |

| 步　骤 | 图　示 |
|---|---|
| （5）单击工具箱上的"油漆桶工具"，在"属性"栏上设定"图案"填充，在图案中选择之前定义的人物图案，然后在画布上单击，从而完成9联1寸证件照的制作。 | 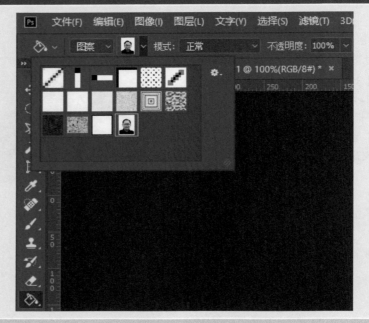 |
| （6）最终完成的证件照拼接效果如右图所示。 |  |

# 第3节
## 逆光照片修复

逆光照片修复

| 步　骤 | 图　示 |
|---|---|
| （1）在 PS 中打开一幅如右图所示的待修复的逆光照片，双击背景层，将其转换为普通图层。 |  |
| （2）执行"图像"菜单中的"调整→阴影/高光"命令，打开相应的对话框，选中"显示更多选项"复选框。 | 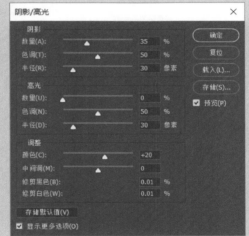 |
| （3）调节数量、颜色和中间调的数值，完成逆光照片的修复。 |  |

# 第4节
## PS 磨皮

| 步　骤 | 图　示 |
|---|---|
| （1）在 PS 中打开一幅如右图所示的待磨皮的照片，双击背景层，将其转换为普通图层。 |  |
| （2）打开通道面板，复制黑白分明的蓝色通道。 |  |
| （3）执行"滤镜"菜单中的"其他→高反差保留"命令，将半径数值设置为10。 |  |

| 步　骤 | 图　示 |
|---|---|
| （4）执行"图像"菜单中的"计算"命令，将混合模式设置为"强光"，连续执行三次。 | 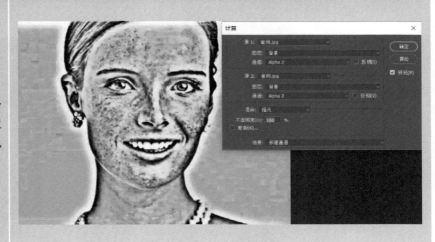 |
| （5）按快捷键 Ctrl+I 进行"反相"，再使用"画笔工具"，将头发、牙齿和眼睛涂白。 |  |

| 步　骤 | 图　示 |
|---|---|
| （6）单击通道面板下方的"将通道作为选区载入"按钮，返回 RGB 通道，按快捷键 Ctrl+M 进行曲线调整。 | 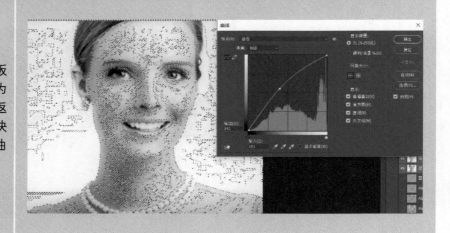 |
| （7）磨皮的最终效果与原图的比较如右图所示。 |  |

# 第5节
# 复杂水印去除

| 步　骤 | 图　示 |
|---|---|
| （1）在 PS 中打开一幅如右图所示的带有复杂水印的照片，双击背景层，将其转换为普通图层。 |  |
| （2）单击工具箱上的"套索工具"，选定白色上的水印，使用快捷键 Ctrl+J 复制到一个新的图层，再按快捷键 Ctrl+I 进行"反相"。 |  |

| 步　骤 | 图　示 |
| --- | --- |
| （3）将图层的混合模式设定为"颜色减淡"，即可去除该处的水印。 |  |
| （4）用快捷键 Alt+移动工具复制图层 1 至水印的各处，并用方向键对齐，完成全部水印的修复。 |  |

# 第6节
# 消失点滤镜

| 步　　骤 | 图　　示 |
| --- | --- |
| （1）在 PS 中打开一幅如右图所示待修复的照片，双击背景层，将其转换为普通图层。 |  |
| （2）执行"滤镜"菜单中的"消失点"命令，打开相应的对话框，使用"创建平面工具"，在要修复的区域建立平行四边形的平面网格选区，如扫把区域。 |  |

| 步 骤 | 图 示 |
|---|---|
| （3）使用"图章工具"，按住 Alt 并单击鼠标左键，在干净的区域取样，然后在要修复的扫把区域涂抹，完成画面的修复。 | |
| （4）用同样的方法，在水管处建立平行四边形的平面网格区域。 | |
| （5）继续使用"图章工具"，对水管处区域进行修复，完成整张照片的修复。 | |

# 第7节
# 抠图十三招之一——钢笔抠图

钢笔抠图

| 步　骤 | 图　示 |
|---|---|
| （1）在 PS 中打开一幅如右图所示的包含螺母的照片，双击背景层，将其转换为普通图层。 |  |
| （2）单击工具箱上的"钢笔工具"，在属性栏上选定"路径"模式。 |  |

| 步　　骤 | 图　　示 |
|---|---|
| （3）使用钢笔工具在螺母的轮廓上绘制路径，基本方法为直线点、圆弧拖和遇到拐点按 Alt。 | |
| （4）按快捷键 Ctrl+Enter 将路径转换为选区。 | |
| （5）按快捷键 Ctrl+Shift+I 进行反选，再按 Del 键完成钢笔抠图。 | |

# 第8节
# 抠图十三招之二——蒙版抠图

蒙版抠图

| 步　骤 | 图　示 |
|---|---|
| （1）在 PS 中打开一幅如右图所示的山水照片，双击背景层，将其转换为普通图层。按快捷键 Ctrl+A 全选，然后按快捷键 Ctrl+C 复制。 |  |
| （2）添加图层蒙版，按住 Alt 并单击蒙版，然后按快捷键 Ctrl+V 粘贴。 |  |
| （3）按快捷键 Ctrl+I 进行反相，然后按快捷键 Ctrl+L 打开"色阶"对话框，对山体"设置白场"，对天空"设置黑场"。 | 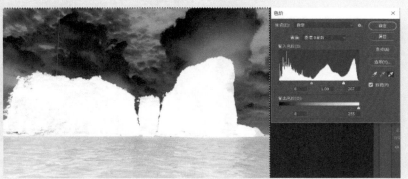 |

| 步　骤 | 图　示 |
|---|---|
| （4）设置前景色为"白色"，放大选区，用"画笔"进一步描白山体，而对水面则建立矩形选区，填充"黑色"。 | |
| （5）右击图层蒙版，在弹出的下拉菜单中选择"应用图层蒙版"命令。 | |
| （6）完成"蒙版抠图"。 | |

# 第9节
## 抠图十三招之三——魔棒抠图

魔棒抠图

| 步　骤 | 图　示 |
|---|---|
| （1）在 PS 中打开一幅如右图所示的待抠图图片，双击背景层，将其转换为普通图层。 |  |
| （2）单击工具箱上的"魔棒工具"，在选项栏选定"添加到选区"；使用魔棒在白色区域单击，将图片上的白色区域全选中；按 Del 键，删除白色区域内容，完成"抠图"操作。 |  |
| （3）单击"文件"菜单中的"导出→快速导出为 PNG"命令，即可将该图片以透明背景加以保存。 | 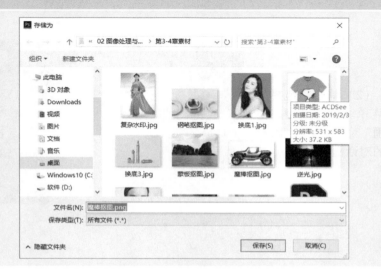 |

# 第 10 节
## 抠图十三招之四——色彩范围抠图

色彩范围抠图

| 步　骤 | 图　示 |
|---|---|
| （1）在 PS 中打开一幅如右图所示的照片，双击背景层，将其转换为普通图层。 |  |
| （2）单击"选择"菜单中的"色彩范围"命令，打开相应的对话框。 |  |

| 步　骤 | 图　示 |
|---|---|
| （3）使用"吸管工具""添加到取样"工具并调整"颜色容差"，实现按色彩范围进行对象选取。 | 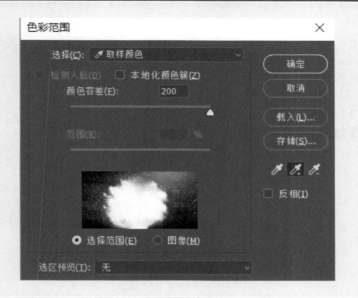 |
| （4）按快捷键Ctrl+J，将选定的对象复制到一个新的透明图层，反选之后，即完成色彩范围抠图。 | 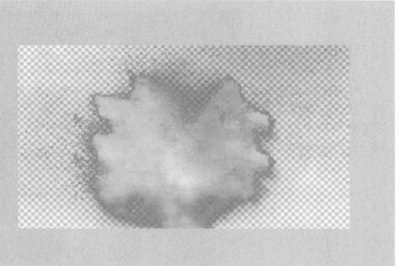 |

# 第 11 节
## 抠图十三招之五——快速选择抠图

快速选择抠图

| 步　　骤 | 图　　示 |
|---|---|
| （1）在 PS 中打开一幅如右图所示的照片。 |  |
| （2）单击工具箱上的"快速选择工具"，准备对画面上的天空部分进行快速选取。 | 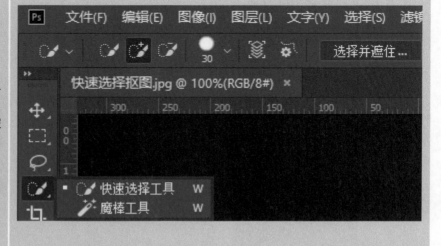 |

| 步　骤 | 图　示 |
|---|---|
| （3）选定天空后，再按快捷键 Ctrl+Shift+I 进行"反选"。 |  |
| （4）按快捷键 Ctrl+J 将选定的对象复制到一个新的透明图层，反选之后，即完成快速选择抠图。 |  |

# 第 12 节
## 抠图十三招之六——套索抠图

套索抠图

| 步　骤 | 图　示 |
|---|---|
| （1）在 PS 中打开一幅如右图所示的图片。 |  |
| （2）单击工具箱上的"磁性套索工具"，在要选取的对象边界处单击，然后沿对象的边缘移动鼠标，建立选区，直到选区封闭。 |  |
| （3）按 Q 键切换至"快速蒙版"视图，用画笔对选区进行编辑，直到满意为止，再按 Q 键退出"快速蒙版"视图。按快捷键 Ctrl+Shift+I 进行"反选"，按 Del 键删除多余的部分，完成对象抠图。 |  |

# 第 13 节
## 抠图十三招之七——橡皮擦抠图

橡皮擦抠图

| 步　骤 | 图　示 |
|---|---|
| （1）在 PS 中打开一幅如右图所示的待抠图照片。 |  |
| （2）用鼠标单击设置前景色按钮，将前景色设置成头发颜色；再单击设置背景色按钮，将背景色设置成靠近头发周边的背景颜色。 | 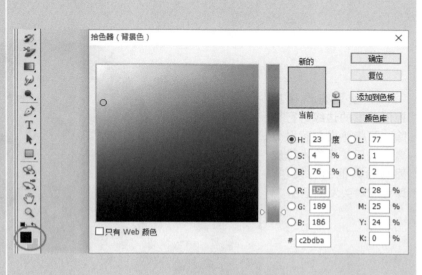 |

| 步　　骤 | 图　　示 |
|---|---|
| （3）单击工具箱上的"背景橡皮擦工具"，在其"属性"面板上设置：<br>　取样：背景色板；<br>　限制：不连续；<br>　保护前景色：选定。 |  |
| （4）使用背景橡皮擦沿头发的边缘进行擦除，可将头发与背景分离；最后使用魔术橡皮擦擦除其他的背景色，即完成对头发的抠图。 |  |

# 第 14 节

调整边缘抠图

| 步　　骤 | 图　　示 |
|---|---|
| （1）在 PS 中打开一幅如右图所示的图片。 | 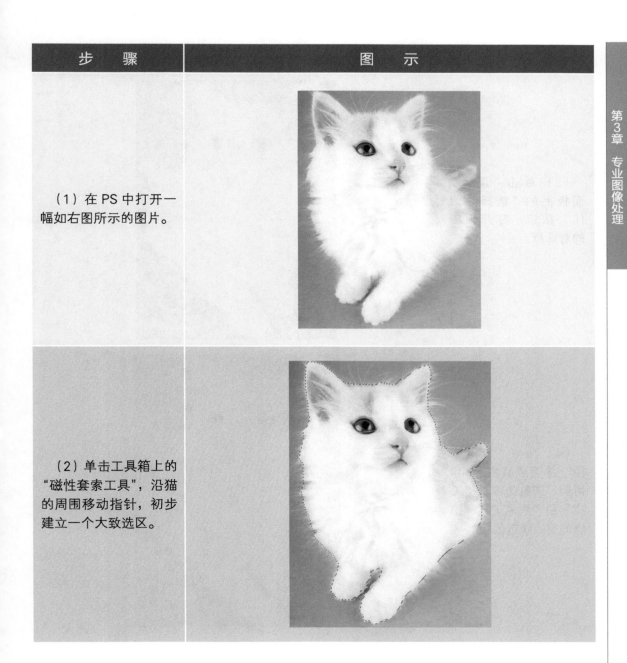 |
| （2）单击工具箱上的"磁性套索工具"，沿猫的周围移动指针，初步建立一个大致选区。 | |

第3章 专业图像处理

67

| 步　　骤 | 图　　示 |
|---|---|
| （3）单击"属性"面板上的"选择并遮住"按钮，打开相应的对话框。 | |
| （4）选中"智能半径"并调整其值大小。再用"调整边缘画笔工具"和"画笔工具"精确调整边缘选区。 | |

| 步　骤 | 图　示 |
|---|---|
| （5）在输出部分先选中"净化颜色"复选框，再在"输出到"下拉框中选中"新建带有图层蒙版的图层"，单击"确定"按钮，完成对象抠图。 | 输出设置<br>☑ 净化颜色<br>输出到： 新建带有图层蒙版的图层 ∨<br>选区<br>图层蒙版<br>□ 记住设置 新建图层<br>新建带有图层蒙版的图层<br>新建文档<br>新建带有图层蒙版的文档 |
| （6）在已抠图图层的下方新建一层，做线性渐变，可更清楚地看到最终的抠图效果。 |  |

# 第 15 节
## 抠图十三招之九——通道抠图

通道抠图

| 步　骤 | 图　示 |
|---|---|
| （1）在 PS 中打开一幅如右图所示的待抠图照片。 |  |
| （2）从红、绿、蓝三个单色通道中选择一个亮度、对比度反差比较高的，将其复制形成一个新的 Alpha 通道。 |  |
| （3）按快捷键 Ctrl+L 打开"色阶"对话框，调整输入色阶的值，从而使反差效果更明显。 | 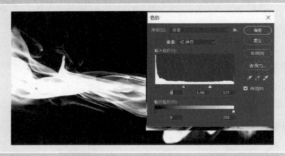 |
| （4）返回 RGB 通道，按住 Ctrl 键再单击 Alpha 通道，将通道作为选区载入。按快捷键 Ctrl+J，将选定的对象复制到一个新的透明图层，完成通道抠图。 | 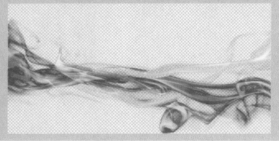 |

# 第 16 节
## 抠图十三招之十——混合选项抠图

混合选项抠图

| 步　　骤 | 图　　示 |
|---|---|
| （1）在 PS 中打开一幅如右图所示的待抠图图片，双击图层解锁。 |  |
| （2）双击"缩略图"，打开"图层样式"对话框。 | 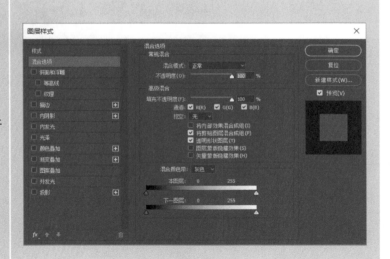 |

| 步 骤 | 图 示 |
|---|---|
| （3）将"混合颜色带"设置为"蓝"，再按住 Alt 键调整本图层的三角滑块。 |  |
| （4）最终的混合选项抠图效果如右图所示。 | |

# 第 17 节
# 抠图十三招之十一——高光抠图

高光抠图

| 步　　骤 | 图　　示 |
|---|---|
| （1）在 PS 中打开一幅如右图所示的待抠图的婚纱照片。 |  |
| （2）按快捷键 Ctrl+Alt+2，调取高光。 | |

| 步　　骤 | 图　　示 |
|---|---|
| （3）按快捷键 Ctrl+J 新建图层；然后按快捷键 Ctrl+U 打开"色相 / 饱和度"对话框，将"明度"的值调整到 +100。 | 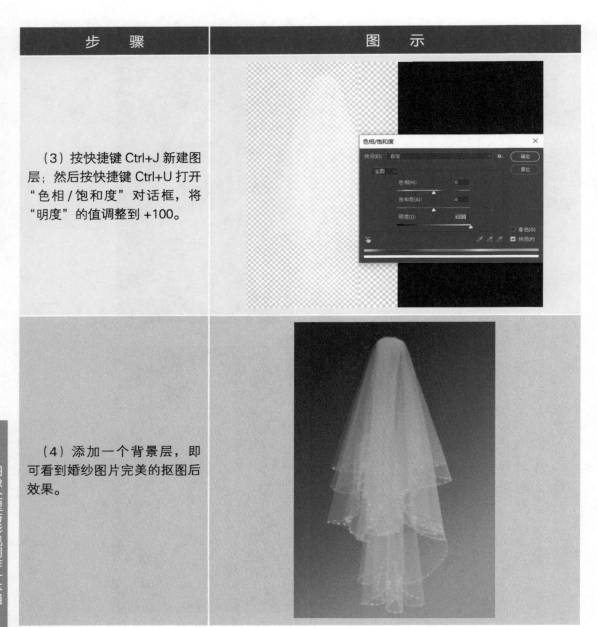 |
| （4）添加一个背景层，即可看到婚纱图片完美的抠图后效果。 | |

# 第 18 节
## 抠图十三招之十二——选框抠图

| 步　骤 | 图　示 |
| --- | --- |
| （1）在 PS 中打开一幅如右图所示的照片。 |  |
| （2）单击"文件"菜单中的"置入嵌入对象"命令，将一幅如右图所示的时钟图片"置入"其中。 |  |

| 步　骤 | 图　示 |
|---|---|
| （3）按快捷键 Ctrl+T，自由变换并降低图层的不透明度，使时针与咖啡杯内的液面对齐，用鼠标右键单击图层，执行"栅格化图层"命令。 |  |
| （4）单击工具箱上的"椭圆选框工具"，建立正圆选区，按快捷键 Ctrl+Shift+I，进行"反选"操作，按 Del 键删除多余的部分，完成选框抠图。 |  |

# 第 19 节

抠图十三招之十三——选择主体抠图

| 步　　骤 | 图　　示 |
|---|---|
| （1）在 PS 中打开一幅如右图所示的待抠图图片。 | 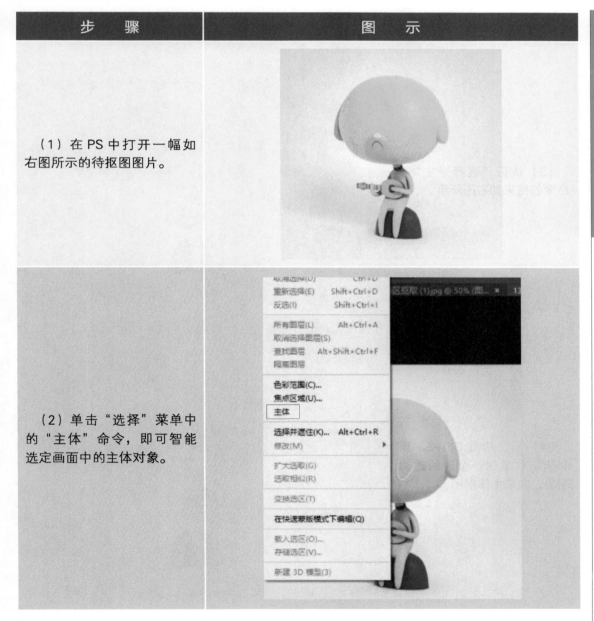 |
| （2）单击"选择"菜单中的"主体"命令，即可智能选定画面中的主体对象。 | |

| 步　骤 | 图　示 |
|---|---|
| （3）执行"选择→主体"命令的结果如右图所示。 | 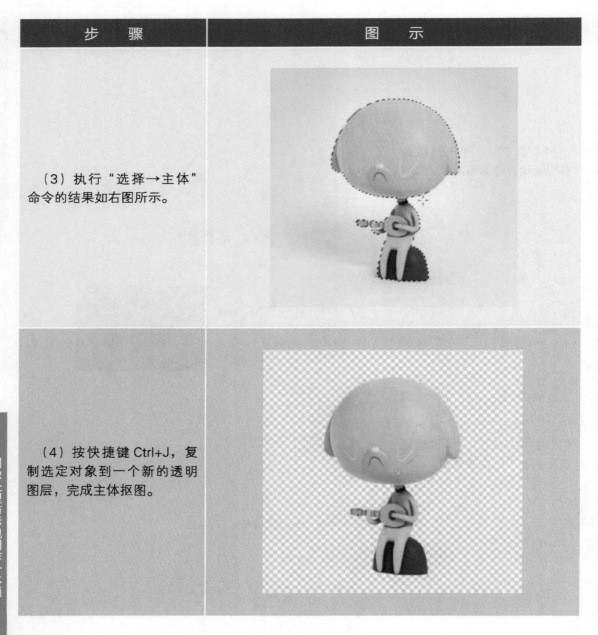 |
| （4）按快捷键 Ctrl+J，复制选定对象到一个新的透明图层，完成主体抠图。 | |

# 第 20 节
## 图片立方体

图片立方体

| 步　骤 | 图　示 |
|---|---|
| （1）在 PS 中新建一个文档，单击"3D"菜单中的"从图层新建网格→网格预设→立方体"命令，打开一个立方体创建窗口。 | 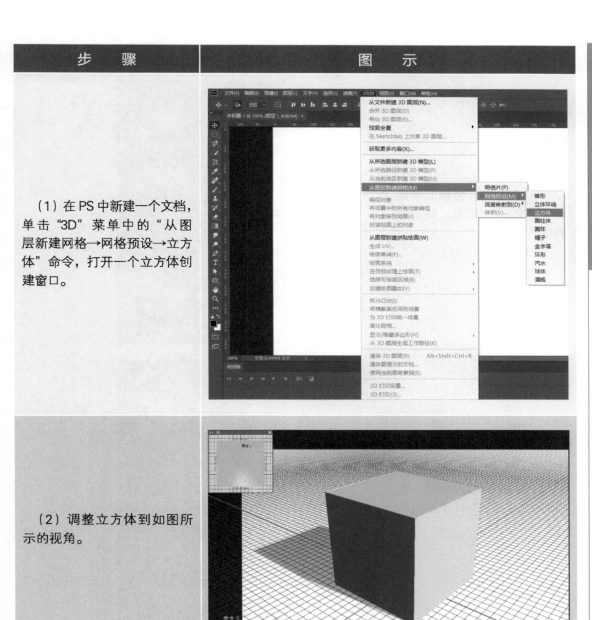 |
| （2）调整立方体到如图所示的视角。 | |

| 步　骤 | 图　示 |
|---|---|
| （3）在"3D"面板上将显示立方体的所有面、每个面的材质及光源。 |  |
| （4）单击某个面的材质，会显示材质"属性"设置面板。 | |

图像处理与影视制作一本通

| 步　骤 | 图　示 |
|---|---|
| （5）单击"属性"面板"漫射"选项右侧的按钮，会弹出一个菜单，选择其中的"替换纹理"命令，打开相应的对话框，选择一张位图图片，即可完成一个面的贴图。 |  |
| （6）用同样的方法，可完成另外两个面的贴图。调整场景中的"无限光"，使立方体的每个面受光均匀。 | 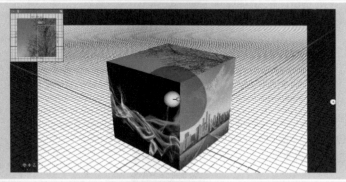 |
| （7）单击"3D"面板下方的"渲染"按钮，待渲染完毕后再右击图层，选择"栅格化 3D"命令，即可完成图片立方体的最终制作。 |  |

| 步　　骤 | 图　　示 |
|---|---|
| （1）在 PS 中新建一个文档，使用"横排文字工具"输入文字并设置好相应的格式。 | 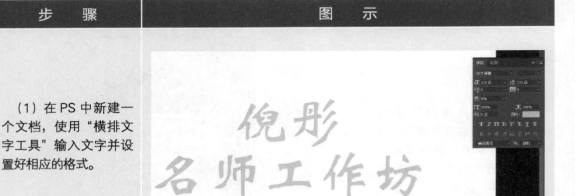 |
| （2）单击"3D"菜单中的"从所选图层新建3D 模型"命令，打开3D 文字创建窗口。 | 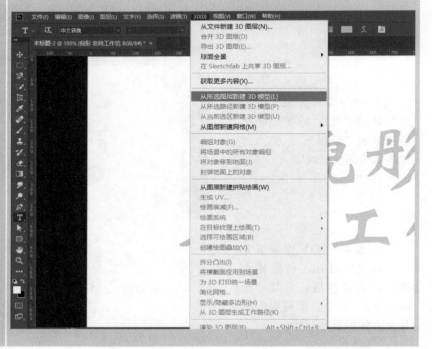 |

| 步 骤 | 图 示 |
|---|---|
| （3）调整立体字到如图所示的视角。 | 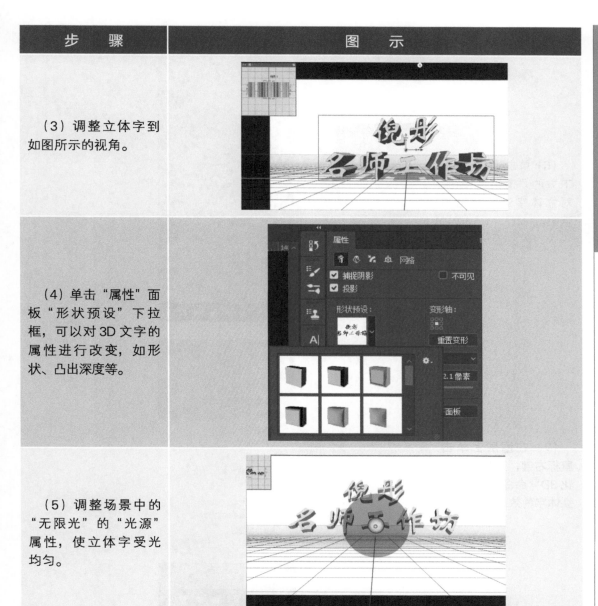 |
| （4）单击"属性"面板"形状预设"下拉框，可以对 3D 文字的属性进行改变，如形状、凸出深度等。 | |
| （5）调整场景中的"无限光"的"光源"属性，使立体字受光均匀。 | |

| 步　　骤 | 图　　示 |
|---|---|
| （6）单击"3D"面板下方的"渲染"按钮，对立体字进行抗锯齿渲染。 | 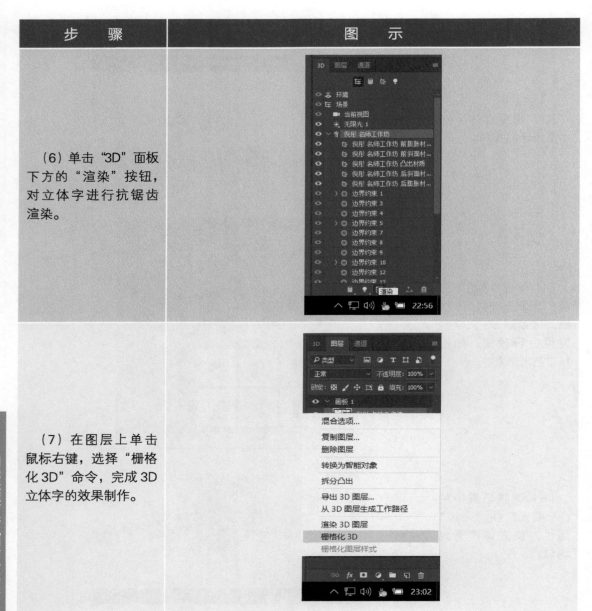 |
| （7）在图层上单击鼠标右键，选择"栅格化3D"命令，完成3D立体字的效果制作。 | |

# 第 22 节
## 立体花瓶

立体花瓶

| 步　骤 | 图　示 |
| --- | --- |
| （1）在 PS 中新建一个文档，单击工具箱上的"钢笔工具"，选定"属性"为"形状"。 | 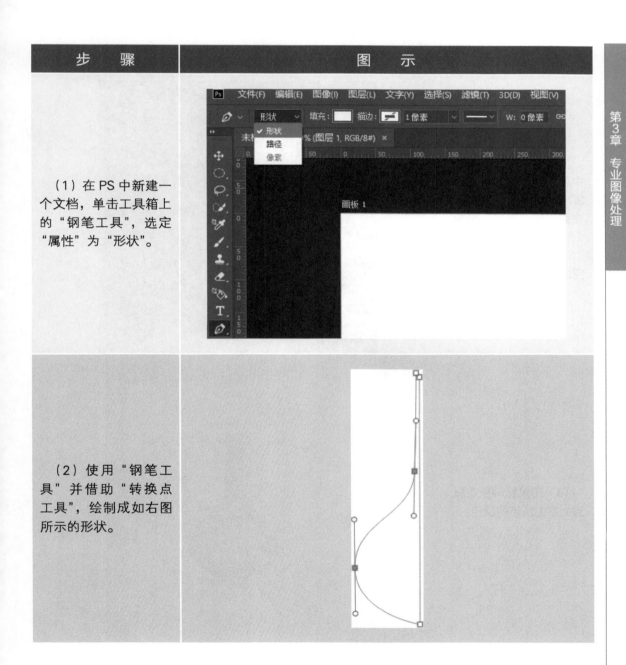 |
| （2）使用"钢笔工具"并借助"转换点工具"，绘制成如右图所示的形状。 | |

| 步　　骤 | 图　　示 |
|---|---|
| （3）单击"3D"菜单中的"从所选图层新建3D 模型"命令，然后在弹出的"属性"面板"形状预设"中，选定"向右弯曲 X 轴 360 度"，完成花瓶的放样。 | 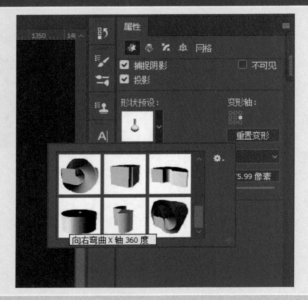 |
| （4）用鼠标调整花瓶到如右图所示的视角。 | 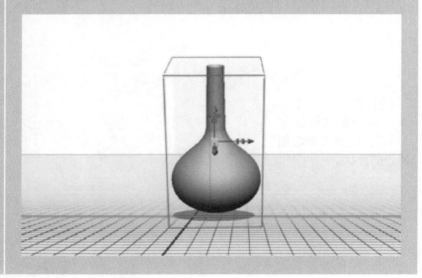 |

| 步 骤 | 图 示 |
|---|---|
| （5）用鼠标单击"3D"面板中的"形状1凸出材质"选项。 | 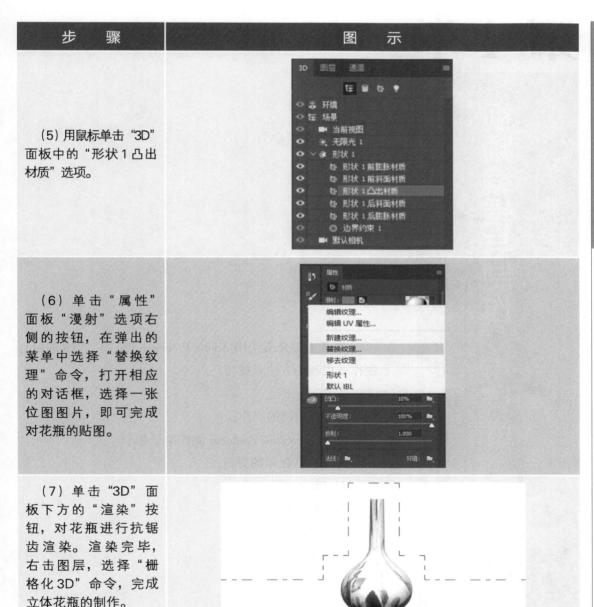 |
| （6）单击"属性"面板"漫射"选项右侧的按钮，在弹出的菜单中选择"替换纹理"命令，打开相应的对话框，选择一张位图图片，即可完成对花瓶的贴图。 | |
| （7）单击"3D"面板下方的"渲染"按钮，对花瓶进行抗锯齿渲染。渲染完毕，右击图层，选择"栅格化3D"命令，完成立体花瓶的制作。 | |

# 第 4 章

## 视频编辑与制作

本章主要介绍使用 Adobe Premiere Pro CC 2018 编辑与制作音视频的方法和技巧。

【学习目标】

1. PS 动画的制作；

2. 用 ProShow Producer 制作电子相册；

3. PR 音视频的剪辑；

4. PR 的调色；

5. PR 的抠像；

6. 字幕特效的制作；

7. PR 的输出。

# 第 1 节
## PS 帧动画

| 步　　骤 | 图　　示 |
| --- | --- |
| （1）先准备好如右图所示的两张等大图片，拟在 PS 中做 GIF 动画。 |   |
| （2）在 PS 中打开一张图片，再执行"窗口"菜单中的"时间轴"命令，打开相应的功能面板。 | 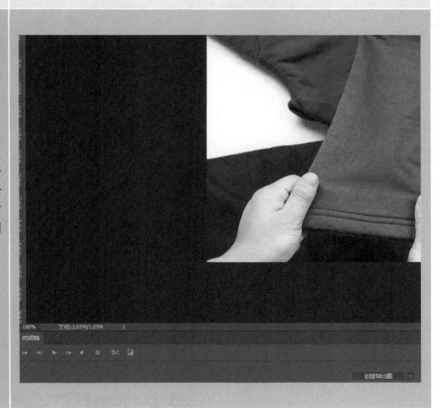 |

| 步　骤 | 图　示 |
|---|---|
| （3）单击"创建帧动画"按钮，在时间轴上创建一个关键帧，并设置该帧的时间为 0.5s。 | |
| （4）单击"文件"菜单中的"置入嵌入对象"命令，将另一幅图片"置入"其中。 | |
| （5）单击"时间轴"上的"复制所选帧"按钮，创建第二个关键帧。 | |

| 步　骤 | 图　示 |
|---|---|
| （6）设置上一个图层为不可见，这样两个帧上的图片就各不相同，从而形成动画效果。 |  |
| （7）执行"文件"菜单中的"导出 → 存储为 Web 所用格式"命令，打开相应的对话框，将图片格式设置成 GIF，循环选项为"永远"。单击"存储"按钮，完成 GIF 动画图片生成。 | 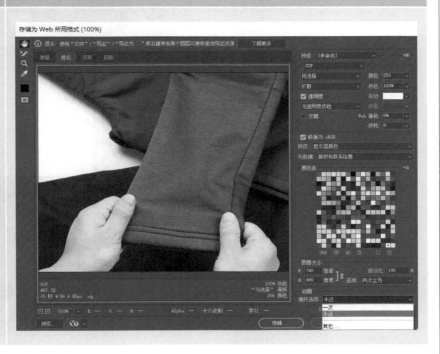 |

# 第 2 节
## PS 时间轴动画

| 步 骤 | 图 示 |
|---|---|
| （1）在 PS 中新建一个文档。 | 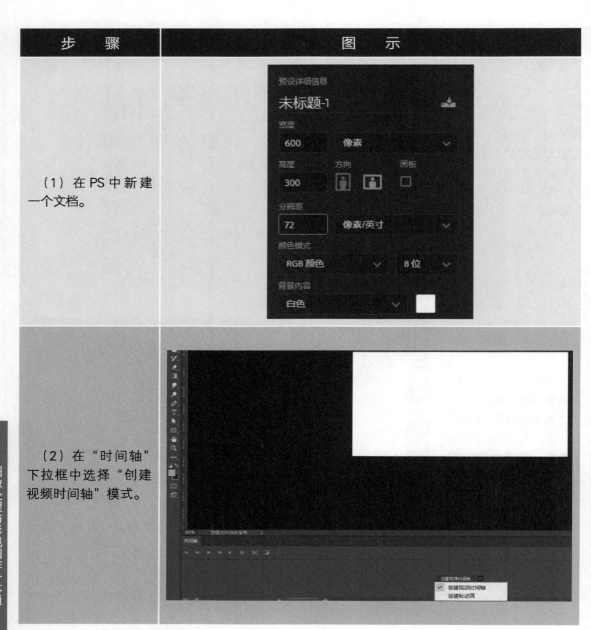 |
| （2）在"时间轴"下拉框中选择"创建视频时间轴"模式。 | |

| 步　骤 | 图　示 |
|---|---|
| （3）输入一行文本，再单击"创建视频时间轴"按钮，展开时间轴动画编辑。 | 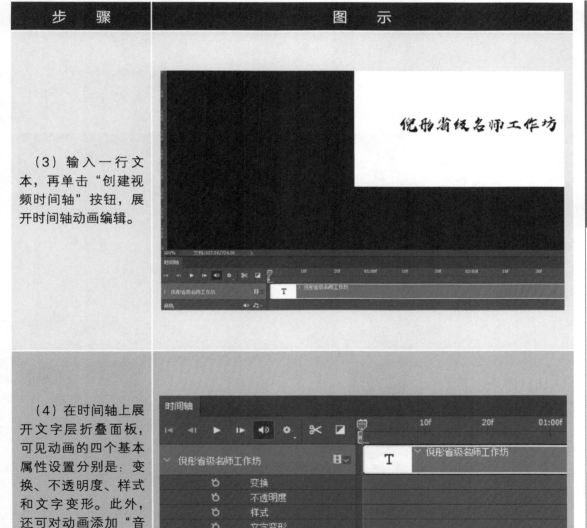 |
| （4）在时间轴上展开文字层折叠面板，可见动画的四个基本属性设置分别是：变换、不透明度、样式和文字变形。此外，还可对动画添加"音频"效果。 | |

| 步　骤 | 图　示 |
|---|---|
| （5）以缩放＋透明度典型的三段式（进—停—出）动画制作为例：单击变换、不透明度之前的"码表"，在 0s 位置打上两个关键帧，再移动播放头至 1s、4s 和 5s 的位置，打上相应的关键帧。 |  |
| （6）0～1s：淡入且自小至大；<br>1～4s：保持不变；<br>4～5s：淡出且自大至小。<br>　注：淡入淡出可调节图层的不透明度来完成；大小变换可用快捷键 Ctrl+T 来完成。 | 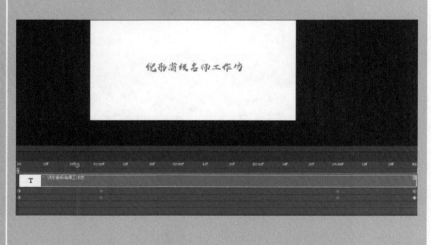 |

（7）单击时间轴上的"渲染视频"按钮，打开相应的对话框，设置好视频保存的位置及名称等参数，完成视频导出。

**渲染视频** ✕

位置
名称(N): 未标题-1.mp4

选择文件夹(F)... C:\Users\Administrator\Desktop\

☐ 创建新的子文件夹(U):

Adobe Media Encoder ⌄

| 格式: H.264 ⌄ | 预设: 高品质 ⌄ |
| 大小: 文档大小 ⌄ 600 x 300 | |
| 帧速率: 文档帧速率 ⌄ 30 fps | |
| 场顺序: 预设（连续） ⌄ | 长宽比: 文档 (1.0) ⌄ |
| ☑ 色彩管理(G) | |

范围
◉ 所有帧(A)
○ 开始帧(S): 0 结束帧: 149
○ 工作区域(W): 0 至 149

渲染选项
Alpha 通道: 无
3D 品质: 交互式 OpenGL ⌄
高品质阈值: 5

渲染
复位

# 第3节
# ProShow Producer 视频制作

| 步 骤 | 图 示 |
| --- | --- |
| （1）ProShow Producer 是一款专业的片头及电子相册制作软件，安装及操作极其简单。ProShow Producer 启动画面如图所示。 |  |
| （2）单击"New"按钮，开启视频制作向导（Wizard）。 | |

| 步　　骤 | 图　　示 |
|---|---|
| （3）单击"Create"按钮，进入视频制作的"ProShow Wizard"（向导）模式。 |  |
| （4）单击"Continue to Wizard"按钮，进入视频制作模板主题（Theme）选择环节。 | |

| 步　　骤 | 图　　示 |
|---|---|
| （5）选定一个主题模板，再单击"Continue"按钮，进入内容增添环节。 |  |
| （6）单击"add content"按钮，可添加图片、视频等素材。 |  |
| （7）单击"Continue+Preview"按钮，进入视频制作效果预览画面。 |  |

| 步　骤 | 图　示 |
|---|---|
| （8）单击"Apply+Exit Wizard"按钮，进入视频制作"设计"（DESIGN）主界面。 | 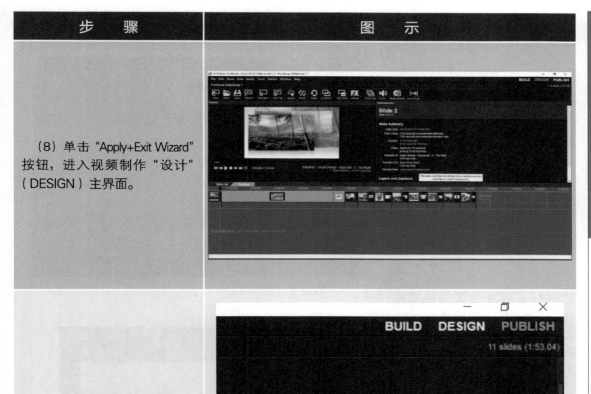 |
| （9）单击右上角的"PUBLISH"按钮，进入视频发布环节，单击"Video for Web, Devices and Computers"栏上的"Create"按钮，进入视频制作的最后环节。 | |

（10）选定合适的视频格式，如：1080P 或 720P 等，再单击 "Create" 按钮，完成视频渲染及输出。

# 第4节
# PR 基本编辑

| 步　　骤 | 图　　示 |
| --- | --- |
| （1）PR 主要是用于非线性编辑，其工作流程一般为：导入媒体→上轨道编辑→添加特效→导出影片。我们从"新建项目"入手。单击"新建项目"按钮，出现如右图所示的对话框。 | 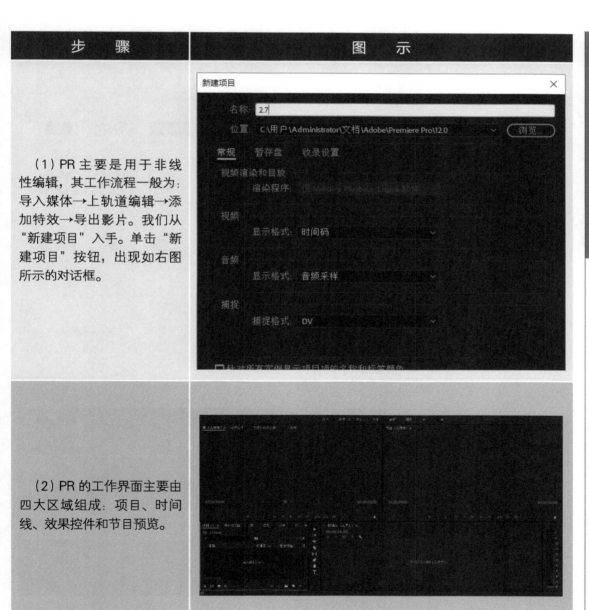 |
| （2）PR 的工作界面主要由四大区域组成：项目、时间线、效果控件和节目预览。 |  |

| 步　　骤 | 图　　示 |
|---|---|
| （3）在项目区中导入待编辑的媒体素材，如：音频、视频、图片和图片序列等。导入方法通常是在项目区的空白处双击。此处导入的媒体：黄山、泰山和峨眉山三段视频及"初雪"音频。 | 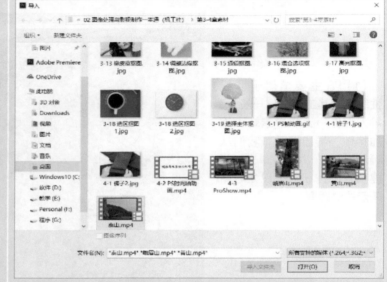 |
| （4）用鼠标直接将素材拖曳至轨道，用工具箱中的选择工具、剃刀工具、钢笔工具和比例拉伸工具等，对素材进行编辑。 | 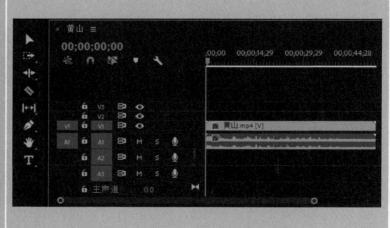 |

| 步　骤 | 图　示 |
|---|---|
| （5）基本编辑操作：<br>时间线放大/缩小：+/−；<br>轨道放大/缩小：Shift＋+/−；<br>分割：用剃刀；<br>缩放为帧大小：鼠标右键；<br>取消素材的音视频链接：鼠标右键；<br>快慢动作播放：比例拉伸工具；<br>音量大小调整：钢笔。 | 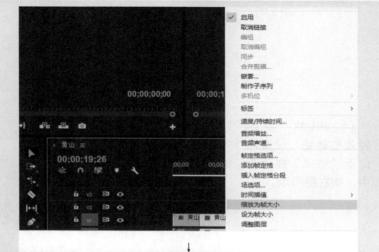<br>↓<br> |
| （6）执行"文件"菜单中的"另存为"命令，可将当前编辑的视频存储为一个扩展名为 prproj 的项目文件。 |  |

# 第 5 节
## PR 视频特效与转场

| 步　骤 | 图　示 |
|---|---|
| （1）PR 的"视频特效与转场"设置均位于"效果"面板当中，如右图所示。 | 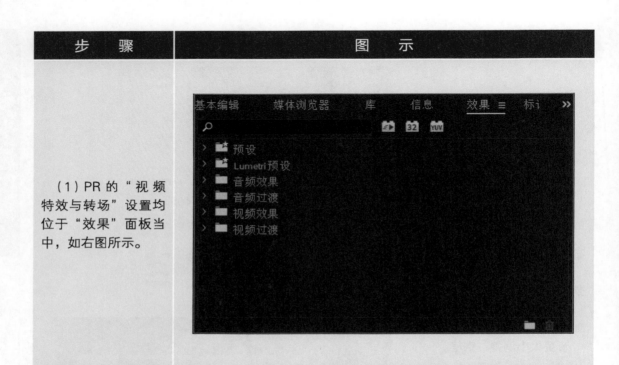 |
| （2）在 PR 中打开上一节中生成的项目文件。全选轨道上的素材，按快捷键 Ctrl+D，即可在开头、结尾以及两两媒体的结合处添加默认的"交叉溶解"转场（过渡）效果。 |  |

| 步　骤 | 图　示 |
|---|---|
| （3）相应的"效果控件"面板显示的转场结果如右图所示。 | 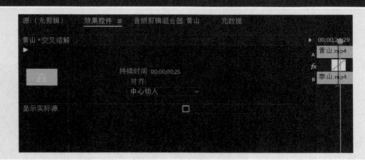 |
| （4）若要自定义转场效果，可在"效果"面板中选定其一，然后将它拖曳至指定的位置。 |  |
| （5）若要对转场效果做进一步的设定，可在"效果控件"面板中完成。 | 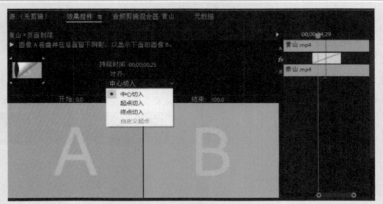 |

# 第6节
## PR 音频设置

| 步　骤 | 图　示 |
|---|---|
| （1）在 PR 中打开上一节中生成的项目文件。 | 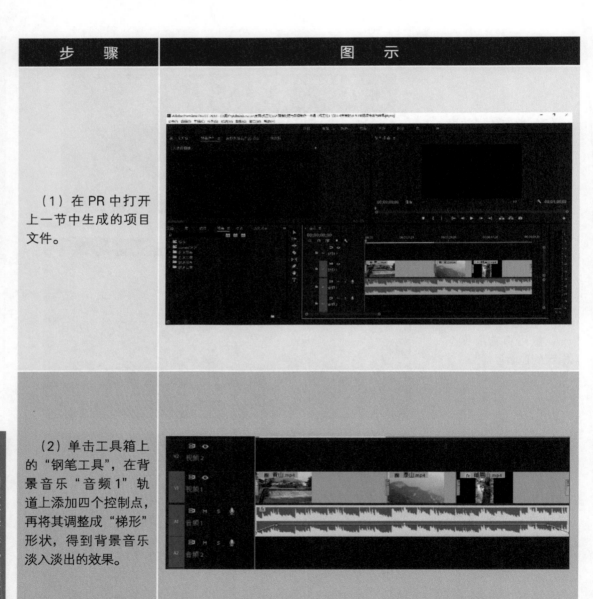 |
| （2）单击工具箱上的"钢笔工具"，在背景音乐"音频1"轨道上添加四个控制点，再将其调整成"梯形"形状，得到背景音乐淡入淡出的效果。 | |

| 步　骤 | 图　示 |
|---|---|
| （3）单击"音频2"轨道上的"画外音录制"按钮，开始语音旁白的录制。 |  |
| （4）画外音录制完毕后，单击"节目"面板上的"停止"按钮，完成声音的合成。 | 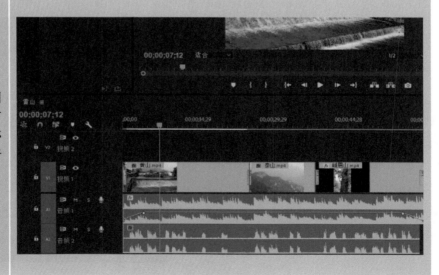 |

# 第 7 节
## PR 调色

PR 调色

| 步　骤 | 图　示 |
|---|---|
| （1）在 PR 中打开一幅如右图所示的红玫瑰照片，再单击"颜色"功能面板。 |  |
| （2）"Lumetri 颜色"面板上包括基本校正、创意、曲线和色轮等调色功能。 |  |
| （3）在"效果"面板上也包括了众多的颜色调整功能。 |  |

| 步 骤 | 图 示 |
|---|---|
| （4）在"项目"面板中单击"新建"按钮，新建一个"调整图层"，也可实现调色功能。 | 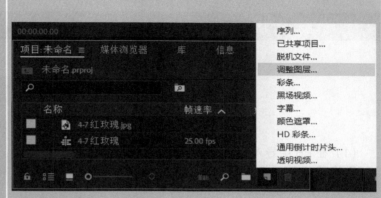 |
| （5）右图为在 PR 中使用"曲线"调色的示例。 |  |

| 步　骤 | 图　示 |
|---|---|
| （1）在 PR 中导入一个分层 PSD 格式文件，使用此素材来制作一个产品广告。 | 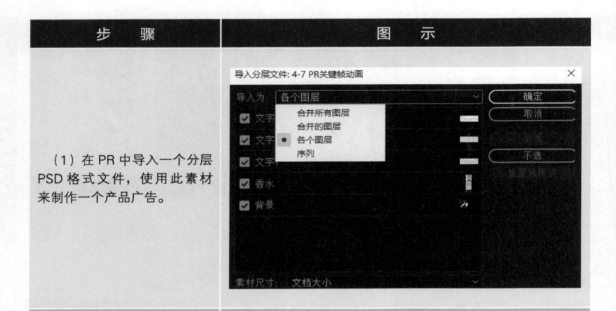 |
| （2）在"项目"面板上双击这个素材，在对应的"源"面板窗口上将显示其相应的内容。 | 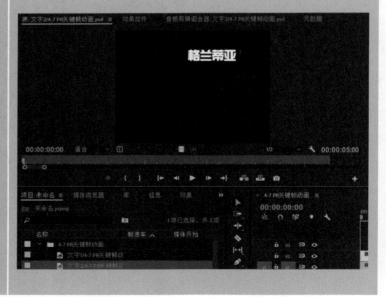 |

| 步　　骤 | 图　　示 |
| --- | --- |
| （3）将分层的素材逐一拖曳至视频轨道，按自上而下的顺序排列整齐，为下一步关键帧动画制作做好准备。注：拖曳至轨道的每个素材时长都是5s。 | 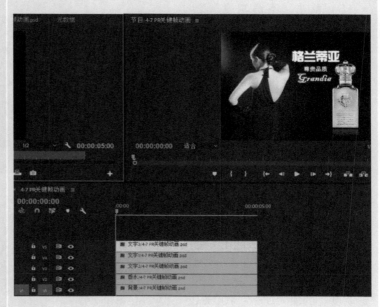 |
| （4）选定背景层，单击"效果控件"面板，再单击"不透明度"之前的折叠按钮，展开"不透明度"设置面板。 | 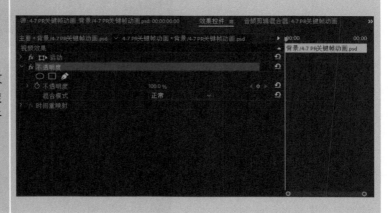 |

| 步 骤 | 图 示 |
|---|---|
| （5）单击"不透明度"之前的"码表"，在 0s 处打上一个关键帧，将"不透明度"的值调整为 0%。移动"播放头"至 1s 处，再打上一个关键帧，将"不透明度"的值调整为 100%。这样，背景的"淡入"动画效果就制作完成。 | 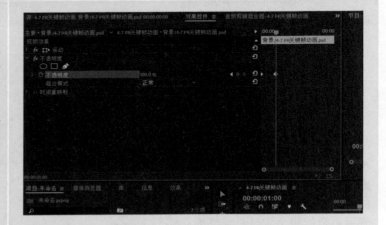 |
| （6）用同样的方法选定"香水"所在的图层，在 1 ~ 2s 处打上两个关键帧，设定"不透明度"的值为 0% ~ 100%，完成第二个图层的动画制作。 |  |
| （7）选定第一行文字所在的图层，设定自小至大的淡入效果。移动"播放头"至 2s 处，单击"不透明度"和"缩放"之前的"码表"，在 2 ~ 3s 处打上两个关键帧。设定"不透明度"的值为 0% ~ 100%、"缩放"的值为 0 ~ 100，完成第三个图层的动画制作。 |  |

| 步 骤 | 图 示 |
|---|---|
| （8）选定第二行文字所在的图层，设定自右至左的淡入效果。移动"播放头"至3s处，单击"不透明度"和"位置"之前的"码表"，在3～4s处打上两个关键帧。设定"不透明度"的值为0%～100%、"位置"从右向左，完成第四个图层的动画制作。 |  |
| （9）选定第三行文字所在的图层，设定自左至右的淡入效果。移动"播放头"至4s处，单击"不透明度"和"位置"之前的"码表"，在4～5s处打上两个关键帧。设定"不透明度"的值为0%～100%、"位置"从左向右，完成第五个图层的动画制作。 | |
| （10）选定所有轨道，将时间线延长至6s，即可完成香水广告动画制作。 | 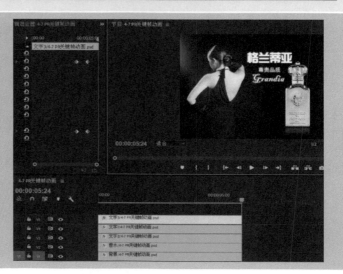 |

# 第 9 节
## PR 遮罩

| 步　骤 | 图　示 |
|---|---|
| （1）在 PR 中新建一个项目并"导入"两个视频素材："瀑布"和"花"，将两个素材拖曳至时间线轨道并将"瀑布"放在"花"的下方。 |  |
| （2）选定视频"花"所在的轨道，再单击"效果控件"面板，展开"不透明度"，单击"创建椭圆形蒙版"按钮。 |  |

| 步 骤 | 图 示 |
|---|---|
| （3）在视频"花"的轨道上创建一个椭圆形遮罩，实现了如右图所示的"椭圆画中画"效果。 |  |
| （4）单击"效果控件"面板，调整"蒙版羽化"的值，从而使两个轨道边界的融合更加柔和。 |  |
| （5）PR 最终的遮罩效果如右图所示。 |  |

# 第 10 节
## PR 色彩类抠像

| 步 骤 | 图 示 |
| --- | --- |
| （1）在 PR 中新建一个项目并"导入"两个素材"奔马"和"风景"，将两个素材拖曳至时间线轨道并把"奔马"视频放在"风景"图片轨道的上方，准备进行"蓝幕抠图"。 |  |
| （2）单击"效果"面板，定位在"键控→颜色键"，将其拖曳至"奔马"视频的轨道。 | 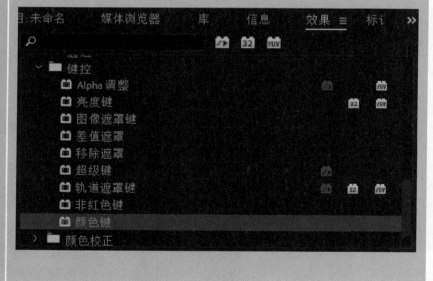 |

| 步 骤 | 图 示 |
|---|---|
| （3）单击"效果控件"面板，再单击"颜色键→主要颜色"之前的"吸管"，在"奔马"的蓝色背景上单击，以拾取要屏蔽的背景色。 | 源:（无剪辑） 效果控件 ≡ 音频剪辑混合器:3-11 快速选择抠图 元数据<br><br>主要 * 4-10 马奔跑.mp4 ⌄ 3-11 快速选择抠图 * 4-10 马奔跑.mp4<br><br>Ö 旋转　　　　　0.0<br>Ö 锚点　　　　　360.0　288.0<br>> 防闪烁滤镜　　0.00<br>fx 不透明度<br>　○ □ ⌀<br>> Ö 不透明度　　100.0 %<br>　混合模式　　　正常<br>fx 时间重映射<br>fx 颜色键<br>　○ □ ⌀<br>　Ö 主要颜色<br>> Ö 颜色容差　　130<br>> Ö 边缘细化　　0<br>> Ö 羽化边缘　　0.0<br>音频效果 |
| （4）调整"主要颜色"下方的"颜色容差"的值，从而使抠取的范围更加精确。 |  |
| （5）最终完成的"蓝幕抠图"效果如右图所示。 | <br>节目:3-11 快速选择抠图 ≡<br>00:00:08:00　适合　　　　　　　　1/2 |

PR 遮罩类抠像

| 步　骤 | 图　示 |
| --- | --- |
| （1）准备好两幅图片，其中黑白图片所放置的路径中一定不能带有中文字符。 |  |
| （2）在 PR 中"导入"两个图片素材，其中一个是背景图片，另一个是待抠图的飞机图片，将飞机图片放在最上方的轨道。 |  |

| 步　骤 | 图　示 |
|---|---|
| （3）单击"效果"面板，定位在"键控→图像遮罩键"，将其拖曳至飞机图片轨道。 | 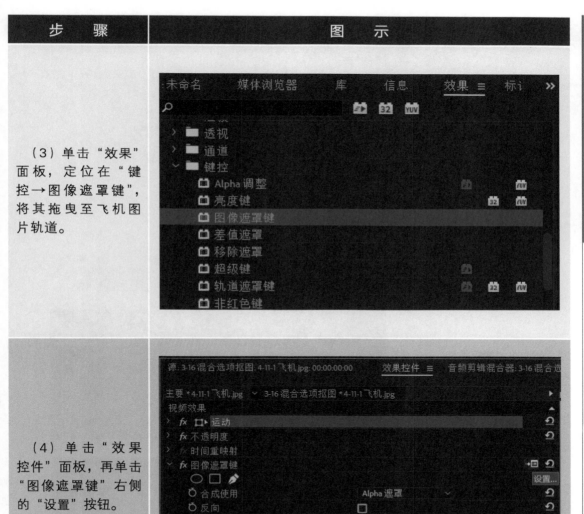 |
| （4）单击"效果控件"面板，再单击"图像遮罩键"右侧的"设置"按钮。 | |

| 步　骤 | 图　示 |
|---|---|
| （5）在打开的"设置"对话框中选择用于遮罩图像的文件。 |  |
| （6）在"效果控件"面板将"合成使用"设置为"亮度遮罩"。 | |
| （7）最终完成 PR 遮罩类抠像的效果。 | |

# 第 12 节
## 时间重映射

时间重映射

| 步　骤 | 图　示 |
| --- | --- |
| （1）在 PR 中"导入"一段如右图所示的足球赛视频素材，拟设定其前段、中段和后段分别用快速、慢速和常速三种模式播放。 |  |
| （2）右击轨道上的素材，将"显示剪辑关键帧"设置为"时间重映射→速度"。 |  |
| （3）单击"效果控件"面板，展开"时间重映射"选项，单击"速度"前面的"码表"，打上相应的关键帧。 | 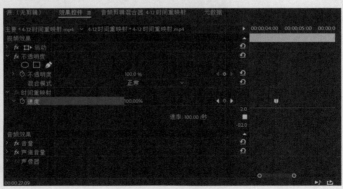 |

第 4 章　视频编辑与制作

121

| 步　骤 | 图　示 |
|---|---|
| （4）按快捷键 Ctrl + + 放大视频轨道，调整第一段速度为 200%（快速）、第二段速度为50%（慢速）和第三段速度为 100%（常速）。注：调整过程中，音频的播放速度保持不变。 | 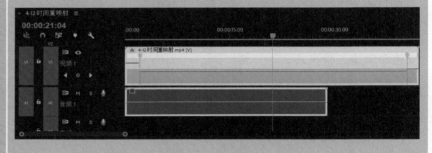 |
| （5）最终用"时间重映射"完成足球赛快慢速播放的效果，可参见本节微课视频。 |  |

# 第 13 节
## 抖动处理

抖动处理

| 步　骤 | 图　示 |
|---|---|
| （1）在 PR 中"导入"一段如右图所示的拍摄时抖动的视频素材，将其拖曳至轨道，形成一个新的序列。 |  |
| （2）单击"效果"面板，选定"扭曲 →变形稳定器 VFX"视频效果，并拖曳至轨道或"效果控件"面板。 |  |

| 步　骤 | 图　示 |
|---|---|
| （3）在"节目"面板上显示"在后台分析"视频素材步骤的进度。 |  |
| （4）在"效果控件"面板上显示处理视频素材的进度。 |  |
| （5）最终以"稳定、裁切、自动缩放"模式，完成视频的抖动处理。 |  |

# 第 14 节
## MTV 字幕

| 步 骤 | 图 示 |
|---|---|
| （1）在 PR 中导入一个如右图所示的无字幕的 MTV 视频素材——太阳出来了。 |  |
| （2）单击工具箱上的"文字工具"，输入标题字幕文字，根据播放效果适当地调整其时长。 |  |
| （3）单击"效果控件"面板，设置源文本的字体和字号等相关属性。 |  |

| 步　骤 | 图　示 |
|---|---|
| （4）完成"标题"字幕的制作。 | 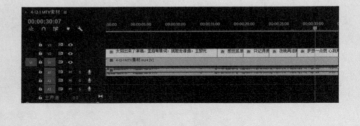 |
| （5）继续使用"文字工具"输入后面各句的歌词，根据播放效果，适当地调整每句歌词的时长。注：为确保每句歌词出现的位置一致，可使用Alt+"选择工具"进行定位复制。 | |
| （6）最终完成的MTV加字幕效果可参见本节微课视频。 |  |

图像处理与影视制作一本通

# 第 15 节
# PR 渲染输出

| 步　骤 | 图　示 |
|---|---|
| （1）在 PR 中打开本章第 13 节生成的"MTV 字幕"的项目文件，准备将其输出成一个 720P、MP4 格式的视频文件。 |  |
| （2）先选定"时间线"面板，单击"文件"菜单"导出→媒体"命令（快捷键 Ctrl+M），然后打开"导出设置"对话框。 | 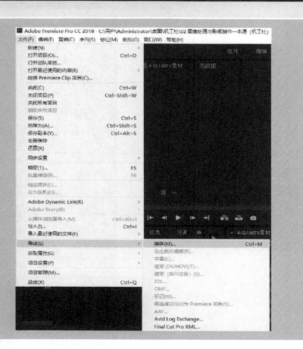 |

| 步　　骤 | 图　　示 |
|---|---|
| （3）在"导出设置"对话框中可设置文件导出的格式、位置和尺寸等属性。 |  |
| （4）例如：若要导出 720P 规格的视频，需要设定视频的宽度、高度尺寸为：1280×720 像素。单击"导出"按钮，开始视频渲染输出。 | 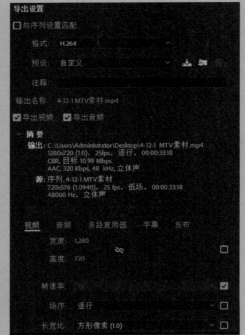 |

| 步　　骤 | 图　　示 |
|---|---|
| | 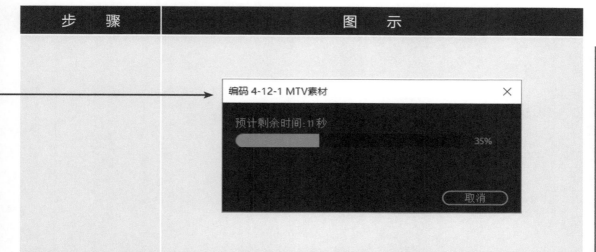 |
| （5）视频输出的最终结果可参见本节微课视频。 |  |